N° 1

# L'Art de Bâtir les Villes

d'après un livre récent

*Conférence faite le 15 février 1903*

PAR

**MICHEL CLERC**

*Professeur à l'Université et à l'Ecole des Beaux-Arts*
*Directeur du Musée d'Archéologie*
*Président de la Société*

MARSEILLE
TYPOGRAPHIE ET LITHOGRAPHIE BARLATIER
19, Rue Venture, 19

1903

# L'Art

## de Bâtir les Villes

# L'Art de Bâtir les Villes

d'après un livre récent

*Conférence faite le 15 février 1903*


PAR

**MICHEL CLERC**

*Professeur à l'Université et à l'Ecole des Beaux-Arts*
*Directeur du Musée d'Archéologie*
*Président de la Société*

MARSEILLE
TYPOGRAPHIE ET LITHOGRAPHIE BARLATIER
19, Rue Venture, 19

—

1903

# L'Art de Bâtir les Villes

## I

MESDAMES, MESSIEURS,

Dans cette conférence, la première qui soit donnée sous le patronage de notre Société, je voudrais vous faire connaître un livre récent, ou du moins récemment traduit en français, et qui traite précisément, de la façon la plus neuve et la plus ingénieuse, des questions à l'étude et à la vulgarisation desquelles nous nous sommes voués (1).

Quelques citations vont vous en faire comprendre immédiatement l'esprit et la tendance.

« Chacun aime à revivre en rêve ses souvenirs de « voyage. Des villes splendides, des places, des monuments, « des paysages repassent ainsi devant nos yeux, et nous jouis-

(1) *L'Art de bâtir les villes*, notes et réflexions d'un architecte, par Camillo Sitte, architecte, directeur de l'École impériale et royale des arts industriels à Vienne, traduites et complétées par Camille Martin. — Paris, librairie Renouard, 1902 ; un vol. in-8° de 196 p., avec 4 planches hors texte et 106 plans de villes.

Cet ouvrage a été présenté au public français par le *Journal des Débats*, dans un de ces excellents articles qu'y publie tous les quinze jours, sous la rubrique *En flânant*, M. André Hallays (19 décembre 1902).

L'auteur et le traducteur ont bien voulu mettre à ma disposition les clichés des quelques figures nécessaires pour cette exposition; je leur en exprime ici tous mes remerciements.

« sons une fois de plus des spectacles grandioses ou char-
« mants que nous avons jadis contemplés. Si nous pouvions
« nous arrêter encore à tel ou tel endroit d'une beauté qui
« ne rassasie jamais, nous supporterions d'un cœur léger
« plus d'une heure accablante et nous reprendrions le long
« combat de la vie avec des forces nouvelles. Assurément
« la gaieté imperturbable du méridional, sur les côtes hel-
« léniques, comme en Italie, est avant tout un don du ciel.
« Mais les antiques villes de ces pays, faites à l'image de
« la belle nature, augmentent encore son influence douce
« et irrésistible sur l'âme des hommes. Celui-là seul qui
« n'a jamais compris la beauté d'une cité antique pourrra
« contredire cette assertion. Qu'il aille, pour s'en convaincre,
« rêver sur les ruines de Pompeï. Là, si, après une journée
« de recherches patientes, il dirige ses pas à travers le fo-
« rum dénudé, il sera entraîné malgré lui au sommet de
« l'escalier monumental, vers le temple de Jupiter. Et
« sur cette plate-forme qui domine la place entière, il
« sentira monter à lui des flots d'harmonie, comme les
« sons purs et pleins d'une musique sublime. Sous cette
« impression, il comprendra bien la parole d'Aristote,
« qui a résumé tous les principes de la construction des
« villes en cette sentence : « *Une ville doit être bâtie de*
« *façon à donner à ses habitants la sécurité et le bonheur.* »

Ne croyez pas d'ailleurs avoir affaire à un archéologue, à un pur amateur du passé, insoucieux des nécessités modernes : « Ce n'est pas notre intention de rééditer des
« idées fort anciennes et souvent rebattues, ni de recom-
« mencer de nouvelles et stériles plaintes sur la banalité
« déjà proverbiale des rues modernes. Il est inutile de
« lancer ainsi des condamnations générales et de mettre une

« fois de plus au pilori tout ce qui a été fait de nos jours « dans ces domaines. Un travail semblable, purement né- « gatif, doit être abandonné au seul critique qui n'est « jamais satisfait et qui ne sait que contredire. *Ceux qui « ont assez d'enthousiasme et de foi dans les bonnes causes « doivent se convaincre que notre temps peut encore pro- « duire des œuvres de beauté et de bonté.......* Si, en « dépit des systèmes modernes de construction des villes, « on veut conserver à nos cités un cachet artistique, il « faut admettre la possibilité d'un compromis. Car les « réclamations trop exigeantes de l'art ne trouveraient « aucune grâce auprès des défenseurs des besoins mo- « dernes. Quiconque veut se poser en champion de l'es- « thétique de la rue doit être d'une part convaincu que « les moyens actuels de satisfaire les exigences de la « circulation ne sont peut-être pas infaillibles, et d'autre « part être prêt à démontrer que les exigences de la vie « moderne (communications, hygiène, etc.) ne sont pas « nécessairement des entraves au développement de l'art « de la rue ».

Le livre de M. Sitte est né d'un besoin ressenti plus ou moins confusément et un peu par tout le monde en Europe depuis longtemps déjà : car il n'est que trop certain que, malgré des exceptions heureuses, l'art de construire les monuments et surtout les villes est en décadence depuis la fin du dix-huitième siècle. Rappelons-nous les horreurs du « style Louis-Philippe » Quant au second Empire, depuis qu'il a donné en France l'exemple, suivi un peu partout, des larges rues rectilignes et des vastes places régulières, tout a été sacrifié, les souvenirs et l'art, aux besoins, j'entends aux besoins prétendus, de la circulation et de l'hygiène. Aujourd'hui, depuis quinze ou vingt ans, il semble qu'un commencement de réaction se fasse sentir. On sent vaguement qu'il doit y avoir un *art de bâtir les villes*, comme il y a un art de bâtir les maisons. Beaucoup d'efforts en ce sens ont été faits, en Belgique notamment, où M. Buls, bourgmestre de Bruxelles a trouvé la formule de ces desiderata, *l'Esthétique des villes*.

« Qui s'inquiète, aujourd hui, dit là-dessus M. Sitte, de la « construction des villes en tant qu'œuvre d'art ? On ne voit « généralement dans cette question qu'un problème techni- « que à résoudre. Si pourtant la disposition des villes « modernes ne satisfait, en aucune façon, notre idéal artis- « tique, nous demeurons étonnés et perplexes ; nous ne « savons comment améliorer l'état des choses, car à chaque « nouvelle occasion, des plans de quartiers sont étudiés à « un point de vue exclusivement technique, comme s'il « s'agissait d'un tracé de voie ferrée ou de toute autre ques- « tion étrangère à l'art. Aucun des traités d'histoire de « l'art, dans lesquels une si grande place est dévolue à « l'étude des moindres bibelots, ne consacre un seul cha- « pitre à la construction des villes. Les œuvres des relieurs, « des étameurs et des tailleurs y sont pourtant analysées à « côté de celles des Phidias et des Michel-Ange. »

Le livre de M. Sitte n'est pas un livre fait à la française : je veux dire qu'il est mal composé et que les chapitres ne s'y suivent pas dans un ordre bien rigoureux. Mais c'est un livre plein d'idées justes et ingénieuses, sans rien d'utopique; et, en effet, l'auteur n'est pas seulement un érudit et un théoricien, mais un homme de pratique et de métier. Ce livre est célèbre en Allemagne depuis son apparition, qui remonte déjà à 1889 (1) ; nous comptons donc faire œuvre utile et bonne en en répandant la connaissance chez nous.

Sans doute, il peut paraître fâcheux d'être obligé d'aller demander des exemples à l'étranger, après lui en avoir si longtemps fourni. Et je suis loin de prétendre que les architectes français soient inférieurs, en connaissances et en talent, à leurs confrères d'Allemagne ou d'ailleurs. Je croirais même plutôt le contraire, et qu'en fait d'art du dessin et de goût, ils peuvent en remontrer à tous les autres. Mais, en cela comme en tout, le travail est mieux organisé dans les pays allemands que chez nous ; les débutants s'y soumettent plus volontiers à la direction des maîtres, et prennent plus longtemps part au travail en commun. Cette forte discipline, sans détruire les individualités, donne plus d'influence à ceux de ces maîtres qui sont vraiment dignes de ce nom, et permet la naissance et l'expansion de théories générales qui finissent par influer sur toute une génération.

Ajoutez que le prodigieux essor pris depuis trente ans par tous les pays allemands a nécessité de grands travaux d'utilité publique ; les grandes villes s'y sont développées et transformées, comme chez nous sous Louis XV et sous le second Empire. Et, en Allemagne comme chez nous sous le second Empire, on a pensé d'abord presque exclusivement aux besoins matériels, c'est-à-dire aux nécessités de la circulation et à celles de l'hygiène, sans se soucier de la beauté ni des convenances. Jusqu'au jour où l'on s'est aperçu que décidément nos villes modernes faisaient à côté des plus anciennes une piètre figure, et que peut être on aurait pu,

(1) Deux éditions en ont paru en cette même année 1889 ; une troisième a été publiée en 1901, et une quatrième est en préparation.

tout en satisfaisant aux exigences nouvelles, ne pas leur sacrifier l'esthétique, et concilier ces besoins divers, mais également respectables, des hommes d'aujourd'hui.

Il est certain que depuis quelques années une réaction se manifeste, d'abord timidement, puis avec de plus en plus de force, contre le néfaste système qui a consisté, depuis le milieu du dix-neuvième siècle, à éventrer brutalement les villes pour y ouvrir purement et simplement de larges tranchées rectilignes, d'une désespérante monotonie.

Le problème est posé maintenant d'une façon très nette : est il possible de remanier nos villes en satisfaisant aux demandes du commerce et aux soucis de l'hygiène publique, — et de leur donner pourtant (ou de leur conserver) un caractère artistique ou pittoresque ?

Pour répondre à cette question, il faut commencer par rechercher d'une façon précise les causes de la beauté des villes anciennes.

« Le problème de l'extension des villes, dit à ce propos « M. Sitte, est un de ceux qui préoccupent le plus l'époque « contemporaine. A ce sujet, comme dans toutes les questions « actuelles, des avis souvent très opposés se sont fait entendre. « Si, en général, on a reconnu avec satisfaction les progrès « accomplis en faveur de l'hygiène, de la circulation et de la « mise en valeur des terrains, l'on a pu trop blâmer le manque « complet de sens artistique dont ont fait preuve les construc- « teurs de villes modernes. Des édifices remarquables s'élè- « vent au milieu de places mal conçues et dans le voisinage « de quartiers aussi mal dessinés. Il nous a paru donc inté- « ressant d'étudier l'ordonnance des places et des villes « anciennes et de rechercher les causes de sa beauté. Ces « causes une fois reconnues, il sera possible d'établir quel-

« ques règles d'art qui, intelligemment appliquées, rendront « peut-être à nos villes leur aspect caractéristique et pitto- « resque d'autrefois... Ce n'est donc ni en historien, ni en « critique, que nous examinerons les plans d'une série de « villes. C'est en technicien et en artiste que nous voulons « rechercher les procédés de leur composition, qui ont pro- « duit jadis des effets si harmonieux et qui ne donnent « aujourd'hui que des impressions décousues et ennuyeuses. « Cet examen nous permettra peut-être de trouver au pro- « blème actuel de la construction des villes une solution qui « devra satisfaire à trois conditions principales : Nous déli- « vrer du système moderne des pâtés de maisons irrégulière- « ment alignées ; sauver autant que possible ce qui reste des « cités anciennes ; et rapprocher nos créations actuelles tou- « jours davantage de l'idéal des modèles antiques ».

Ne nous trompons pas à ce mot d'antique. Il ne peut y avoir rien de commun entre nos villes et les villes grecques ou romaines : les conditions de la vie antique et de la vie moderne sont par trop différentes. Les villes qu'il s'agit d'étudier sont les nôtres, celles qui subsistent, du moyen-âge, de la Renaissance, du dix-septième et du dix-huitième siècles, toutes époques où le sentiment du beau, quoique très diversement compris, a également inspiré les constructeurs. Il ne sera néanmoins pas inutile, quand ce ne serait que pour bien se rendre compte de ces différences, de rappeler ce qu'était une ville antique, et d'où provenait sa beauté.

La différence essentielle entre les villes antiques et les nôtres peut se résumer en un mot : elle est dans les places. Chez nous, les places ne servent qu'à donner çà et là de l'air et de la lumière, et à *rompre la monotonie des océans de maisons*, ou encore à mettre en valeur un édifice, en en dégageant la façade. Autrement dit, la place des villes modernes ne sert à rien.

Chez les anciens, elle sert à tout : c'est là que la vie publique se passe. Dès l'antiquité la plus reculée, en Grèce, à Mycènes, le Conseil se réunit sur la place, entourée de bancs de pierre. A Athènes, la Pnyx demeure jusqu'à la fin le siège de l'Assemblée du peuple, qui y élit, y légifère et y juge. Il en est de même à Rome, pour le Forum. Agora et forum sont le centre, le cœur de la vie politique. Tout cela a disparu aujourd'hui : tous nos corps délibérants, assemblées politiques, assemblées municipales, tribunaux, siègent dans des salles fermées.

D'autres places, dans les villes antiques, servaient de marchés. Celles-là ont subsisté longtemps, sous le nom de Place aux œufs, Place aux herbes, etc. ; mais elles tendent aussi à disparaître de plus en plus devant les Halles couvertes. Même en dehors des places, la vie au grand air jouait chez les anciens un rôle beaucoup plus important que chez nous : les cérémonies religieuses, par exemple, se faisaient, non dans les temples, qui n'étaient que la maison du dieu et son trésor, mais au dehors. Les représentations théâtrales, les jeux, avaient lieu en plein air. Enfin la partie essentielle de la maison antique est une cour, l'atrium, autour de laquelle se groupent les pièces d'habitation.

On peut dire que la place antique est un endroit où l'on vient, mais où l'on ne passe pas. Voyez le forum de Pompeï (*fig. 1*) : il est entouré de tous les côtés de monuments publics ; seul le temple de Jupiter est isolé. Tout autour, règne une colonnade à deux étages. Toute la partie centrale est libre ; sur la périphérie seulement s'élevait toute une série de piédestaux de statues. Le tout nous fait l'effet d'une vaste salle sans plafond. Mais le plus curieux pour nous modernes, c'est la façon dont débouchent sur ce forum les rues qui y aboutissent : les unes (derrière les bâtiments 3, 4, 5) n'arrivent pas jusqu'à la place ; d'autres, C, D, E, F, étaient fermées par des grilles ; enfin celles venant du nord passent sous les portes monumentales A, B.

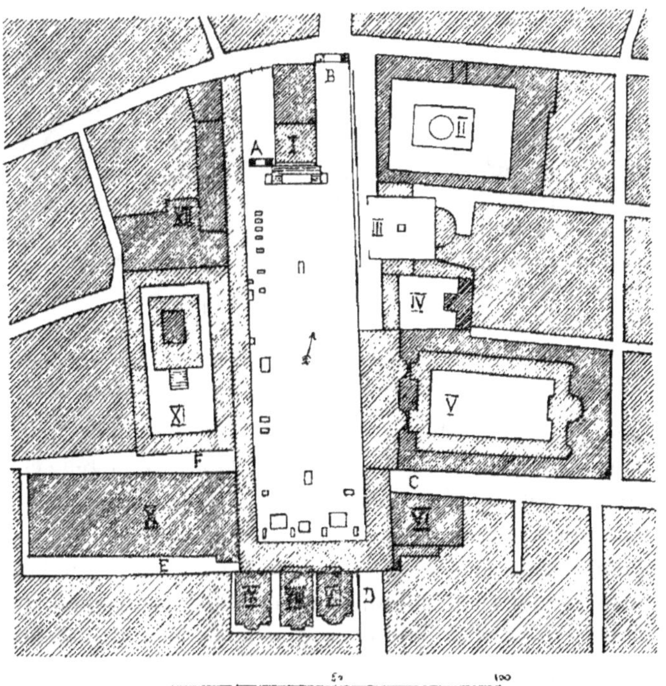


Fig. 1. — FORUM DE POMPEI

I. Temple de Jupiter ;
II. Macellum ;
III. Temple des dieux Lares ;
IV. Temple de Vespasien ;
V. Eumachia ;
VI Comitium ;
VII. Duumvirs ;
VIII. Conseil ;
IX. Ediles ;
X. Basilique ;
XI. Temple d'Apollon ;
XII. Halles de marché.

Ainsi compris, le forum n'est pas autre chose que l'atrium de la ville : il en est la salle principale, la mieux décorée. Mais remarquez bien que le milieu de la place n'est jamais encombré : tous les monuments et toutes les statues sont placés sur la périphérie : on peut par conséquent les embrasser d'un seul coup d'œil.

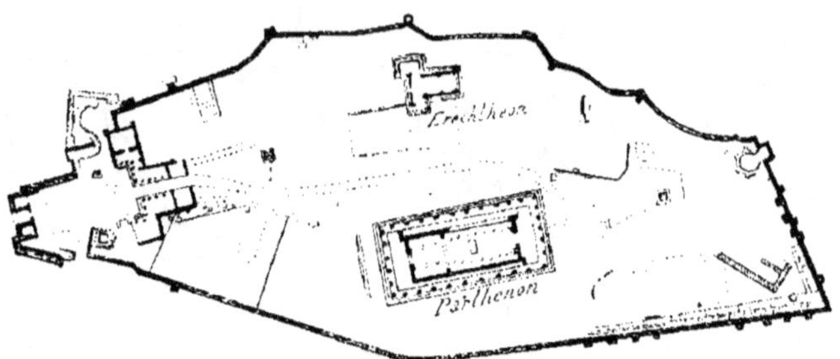


Fig. 2. — ACROPOLE D'ATHÈNES

L'idéal du genre, ce n'est évidemment pas le petit forum de la petite ville qu'était Pompei : c'est l'Acropole d'Athènes (*fig.* 2). Cette vaste place, c'est tout un ensemble de sanctuaires et de monuments, symbolisant toute la vie religieuse, sociale, politique et artistique du peuple athénien. Ces monuments n'ont point été élevés au hasard, ni par suite d'un arrangement factice : ils sont sortis peu à peu du sol même et de la vieille tradition religieuse, lentement modifiée et développée, jusqu'à ce que, au cinquième siècle, ils aient atteint la perfection sous la main puissante de Phidias.

Je n'ai nullement l'intention de citer l'Acropole d'Athènes comme un modèle à suivre pour nous : l'œuvre des siècles passés, le produit de leurs croyances, tout cela ne se refait pas. Cependant le moyen-âge encore a eu des places entièrement consacrées aux édifices religieux. Telle est, à Pise, la célèbre place du Dôme (*fig. 3*) : là, rien que la cathédrale, avec son campanile, son baptistère, et le cimetière : aucun voisinage profane, ni boutique, ni cafés. C'est un endroit, presque unique au monde, de recueillement et de paix, qui produit une impression de grandeur incomparable. Et pourtant Pise était, lorsqu'elle créa cet ensemble grandiose, au treizième siècle, non une ville à demi-morte comme aujourd'hui, mais une grande ville populeuse et commerçante.

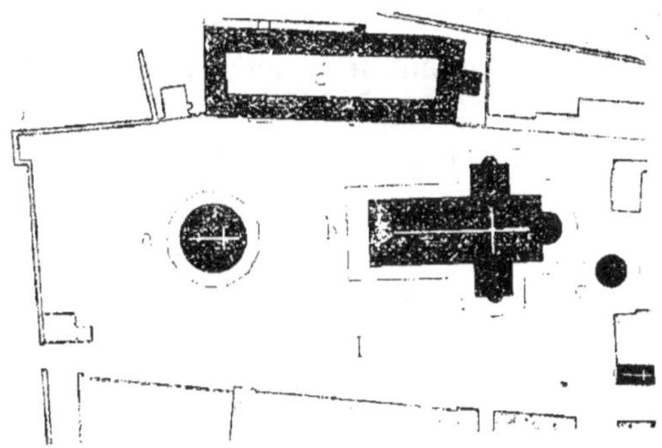

Fig. 3. — PISE, *Place du Dôme.*
*a*, Saint-Jean ; *b*, Dôme ; *c*, Campanile ; *d*, Campo-Santo.

C'est qu'elle avait d'autres places pour la vie publique et la vie commerciale, et qu'elle pouvait réserver celle-là pour la vie religieuse. Et c'est là une division générale en Italie au moyen-âge et pendant la Renaissance : il y a partout, outre la place de la cathédrale, la place de la Seigneurie, où est le palais du Gouvernement, et la place du Marché, rendez-vous des bourgeois, où s'élève l'Hôtel de Ville.

Mais toutes ces places ont le même caractère général : elles ont toutes une valeur décorative, mais en même temps un but pratique, et elles forment un tout avec les édifices qui les entourent. Aujourd'hui, il n'y a aucun rapport entre une place et les constructions qui l'entourent. Aussi n'ont-elles d'animation que si elles servent de promenade, comme notre place Saint-Michel le dimanche; et, d'autre part, il n'y a pas d'animation non plus devant nos monuments publics.

On peut donc, de cette revue historique des places, dégager cette règle : il y a un rapport, un rapport naturel et nécessaire, entre la place et les édifices qui l'entourent : la place fait valoir les édifices, et les édifices font valoir la place.

Qu'est-ce donc, architecturalement parlant, qu'une place, jusqu'à nos jours ? Malgré la différence des temps et des mœurs, il y a sur ce point une tradition incontestable depuis la domination romaine : la place est un espace fermé. Sans être littéralement bordée d'édifices comme le forum romain, c'est là que s'élèvent les palais, les églises, les monuments civils, qui ferment plus ou moins complètement les côtés de la place. Et surtout, on y fait déboucher le moins possible de

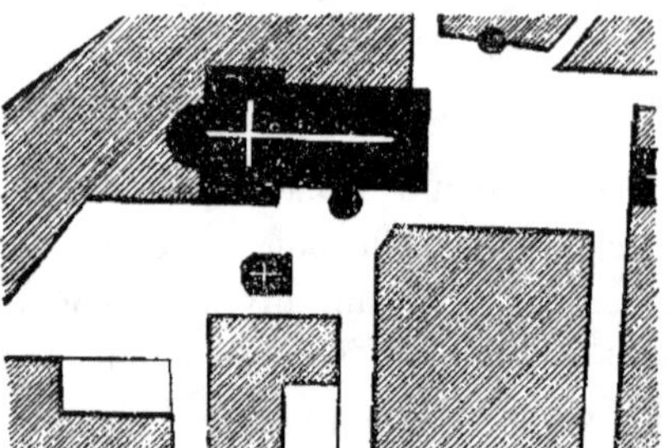

FIG. 1. — RAVENNE, *Place du Dôme*.

rues. En général, une seule rue aboutit à chaque angle d'une place; si une seconde rue, perpendiculaire à la première, est absolument nécessaire, on la fait arriver dans la première assez loin de la place pour que de là on ne puisse pas la voir. Mieux encore : les trois ou quatre rues qui aboutissent aux angles d'une place ont chacune une direction différente. De la sorte, de chacun des points de la place on n'a qu'une seule échappée sur les rues aboutissantes, et l'enceinte de maisons n'est interrompue qu'une seule fois. L'exemple le plus caractéristique de ce système est la place du Dôme de Ravenne (*fig.* 4); la place du Dôme de Pistoie en offre un autre exemple, plus compliqué (*fig.* 5). Dans l'une comme dans l'autre, on constate que de chaque point on ne peut avoir qu'une

Fig. 5. — PISTOIE. *Place du Dôme.*

*a*, Dôme; *b*, Baptistère; *c*, Évêché; *d*, Palais de la Commune; *e*, Palais du Podestat.

seule échappée sur les rues, et que l'enceinte n'est ainsi interrompue qu'une seule fois. Il arrive même souvent que cette enceinte paraît absolument continue : les bâtiments d'angle se cachent en effet les uns les autres, grâce à la perspective, de sorte qu'il n'y a pas de brèche. M. Sitte explique fort bien sur quel principe repose ce procédé : c'est que les rues débouchent perpendiculairement aux rayons visuels, et non parallèlement.

Il y a d'autres procédés encore pour obtenir ce résultat, je veux dire pour fermer l'enceinte. On y arrive en interrompant la perspective infinie des rues au moyen d'une porte monumentale à une ou plusieurs arcades, selon les besoins de la circulation. C'est, à Florence, le rôle du portique des Offices, d'où l'on voit au loin l'Arno. Bruges, Nimègue, Nancy, les guichets du Louvre, nous offrent des exemples analogues, et il est difficile de ne pas voir là un vestige de la tradition romaine, que nous avons constatée à Pompei.

Ailleurs encore, la place est fermée au moyen d'une colonnade qui l'encadre, comme la place Saint-Pierre à Rome, et la place de la Carrière à Nancy.

Tous ces systèmes ont un même but : clore la place, en faire un espace fermé. Au contraire, la tendance actuelle est d'ouvrir les places de tous les côtés, ce qui a pour résultat de détruire tout effet d'ensemble. La place devient un simple terrain entouré de quatre rues et sur lequel on ne bâtit pas ; elle n'a plus rien d'artistique, de monumental. La condition essentielle pour qu'elle produise un effet artistique est qu'elle soit fermée. Or, notre usage est de faire aboutir à chaque coin de place deux rues qui se coupent à angle droit, c'est-à-dire d'y faire l'ouverture la plus grande possible, ce qui détruit l'impression d'ensemble.

Autre différence capitale entre nos places et les places anciennes. Nous ne concevons plus une place sans un motif central : la place est devant une église, ou bien à son centre s'élève une fontaine, un obélisque, une statue, etc. Eh ! bien, c'est là une mode toute moderne, récente même : les premières places de ce genre sont la place Royale, la place des Victoires et la place Vendôme à Paris ; toutes places créées d'un seul jet, non pour elles-mêmes, mais pour encadrer les statues de Louis XIII et de Louis XIV. Ces places sont un pur décor ; ce ne sont pas, si l'on peut dire, des places naturelles.

Autrefois, au contraire, le centre des places était dégagé. Chez les Romains, c'est une règle qui ne souffre pas d'exception : il n'y a, au centre de la place, ni monument, ni statue. Au moyen-âge, l'emplacement de ces monuments sur les places paraît au premier abord tout arbitraire ; il n'en est rien en réalité, et M. Sitte nous montre que le choix de cet emplacement est toujours guidé par un sentiment artistique très fin. Seulement, ce n'est pas là une chose de métier, et qui s'apprenne : « Le sentiment artistique chez les vieux « maîtres opérait des miracles sans l'aide d'aucun règlement « artistique. Les techniciens modernes qui leur ont succédé, « armés d'équerres et de compas, ont prétendu résoudre « les fines questions de goût avec de la grosse géométrie. »

Les raisons de cette habitude de laisser vide le centre des places ont été admirablement dégagées par M. Sitte. Anciennement, les places n'étaient pas pavées, pas même aplanies, et elles étaient sillonnées de chemins. Lorsqu'on venait à y élever une fontaine, on ne la mettait pas sur ces voies de passage, mais sur un des îlots où il n'y avait pas de circulation, à un point mort. Plus tard, lorsque les places eurent été aplanies et pavées, on laissa ces fontaines, ou les autres monuments, là où ils se trouvaient. Et ainsi se constitua cette règle : les fontaines ou monuments quelconques ne se placent point aux endroits où la circulation est intense ; par conséquent, ils ne seront ni au centre des places, ni dans l'axe d'une porte monumentale, mais toujours à l'écart. Et cela est vrai non seulement, comme on pourrait le croire, pour les pays qui ont subi l'influence romaine, mais aussi pour les pays du nord.

Ainsi s'explique que les monuments dont nous parlons soient situés de tant de façons diverses : l'emplacement en est déterminé par le débouché des rues et la direction de la circulation. Il en résulte forcément qu'il n'y a point et qu'il ne peut y avoir de symétrie ; la Belle fontaine de Nuremberg est située près de l'angle d'une place ; à Paris, la fontaine des Innocents, avant qu'on l'eût déplacée, occupait l'angle de la rue aux Fers et de la rue Saint-Denis.

Voici donc une règle, venant du moyen-âge, qui s'ajoute à la règle antique concernant les places : d'une part, les édifices seront situés sur les côtés des places de façon à les encadrer ; d'autre part, les fontaines ou autres monuments ne seront pas au centre de ces places, mais aux points morts de la circulation.

Le plus important à ce point de vue, en fait d'édifices, ce sont les églises. Aujourd'hui, elles s'élèvent presque toujours au mileu des places ; autrefois, il n'en était jamais ainsi. L'exemple de Rome est à ce point de vue tout à fait caractéristique : sur les 255 églises de cette ville, 41 sont adossées d'un côté à un autre édifice ; 96 sont adossées de deux côtés ; 110 le sont de trois côtés, 2 des quatre côtés, et 6 seulement (dont 2 modernes) sont dégagées.

Et il en est de même non seulement dans toute l'Italie, mais aussi bien ailleurs, notamment en France et en Allemagne. En fait, il est facile de constater qu'une église placée sur le côté d'une place de moyenne grandeur est dans la situation la plus favorable : là seulement elle est bien mise en valeur et peut être vue à distance convenable. Si, au contraire, elle est au centre de la place, l'effet ne se concentre nulle part, il s'éparpille sur tout le pourtour ; de plus, faute de recul suffisant, il n'y a point d'effet de perspective.

C'est une idée erronée de croire qu'on peut voir un bâtiment de tous les côtés à la fois. Et, en l'isolant, on l'empêche de former avec ses alentours des tableaux variés. M. Sitte fait remarquer quel puissant effet produisent par exemple les bossages des palais florentins vus des étroites ruelles adjacentes; ces palais ont, grâce à leur situation, deux aspects très différents, un sur la place, l'autre sur la ruelle. On peut faire la même observation en longeant le palais des Papes à Avignon : on peut la faire encore, à Marseille, en débouchant par la rue Thiers devant l'église des Réformés.

Situation primitive.

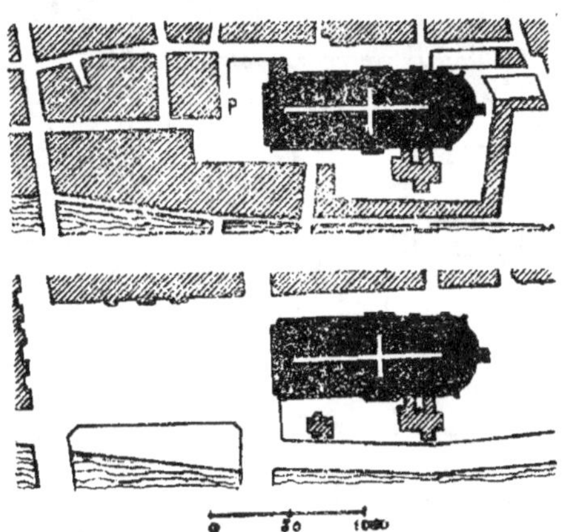


Fig. 6. — PARIS. *Notre-Dame.*
Situation actuelle.

Une autre erreur, non moins répandue chez nous, c'est qu'une cathédrale exige un vaste parvis. Au moyen-âge, il n'en est jamais ainsi : derrière le chœur et tout le long des bas côtés, il y a des maisons, séparées de l'église seulement par une étroite ruelle. C'est devant le portail principal seulement qu'un certain espace est nécessaire, pour mettre en valeur la façade et les tours. Mais encore faut-il qu'il ne soit pas trop vaste : on a cru bien faire en dégageant les alentours de Notre-Dame de Paris (*fig. 6*) : on n'a réussi qu'à diminuer notablement l'imposante impression qu'elle produisait auparavant : tous ceux qui l'ont vue alors sont d'accord là-dessus.

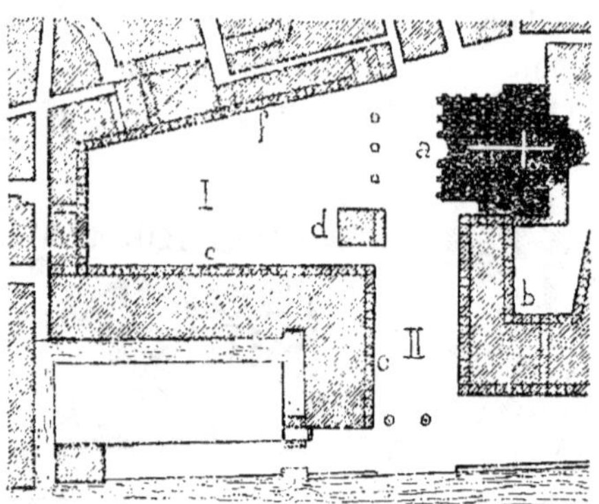


FIG. 7. — VENISE

I. Place Saint-Marc.
II. Piazzetta ;
*a*. Saint-Marc ;
*b*. Palais des Doges ;
*c*. Bibliothèque ;
*d*. Campanile ;
*e*. Procuraties neuves ;
*f*. Procuraties vieilles.

D'autres causes encore, dégagées avec la même finesse par M. Sitte, contribuent à la beauté des places d'autrefois. En première ligne, il faut citer l'usage qui consiste à faire des groupes de places. C'est ainsi que souvent chacune des façades d'une église a sa place : c'est-à-dire qu'il y a autour d'une seule église trois places, mais trois places formant un tout. Les exemples abondent : mais le plus complet et le plus pittoresque est sans doute la célèbre place Saint-Marc à Venise (*fig. 7*). Il y a là deux places, dont la principale, la place Saint-Marc, s'étend en profondeur par rapport à l'église, et en longueur par rapport au palais des Procuraties :

la seconde, la Piazzetta, est au contraire allongée par rapport à ce palais, et profonde par rapport à l'ensemble formé par le Grand Canal et, au loin, le campanile de Saint-Georges Majeur. Devant la façade latérale de Saint-Marc s'étend une troisième petite place. Tout cela forme un ensemble fermé, où ne débouchent que d'étroites ruelles. Evidemment, bien des choses contribuent à la beauté de cet ensemble architectural unique au monde : la situation, avec la vue de la mer, le grand nombre des édifices de style noble et décorés de sculptures, l'éblouissant coloris de Saint-Marc, etc. Mais il y a certainement aussi autre chose, à savoir la façon dont ces éléments sont disposés : « Soyez biens sûrs, dit M. Sitte, que « toutes ces œuvres d'art, placées au hasard suivant un « système moderne, à l'aide du compas et de la règle, per- « draient une grande part de leur valeur. Qu'on se repré- « sente Saint-Marc dégagé de son entourage, transporté dans « l'axe d'une place moderne gigantesque, les Procuraties, « la Bibliothèque et le Campanile, au lieu d'être étroitement « réunis, éparpillés sur un vaste espace, bordé d'un boule- « vard de 60 mètres de large. Quel cauchemar pour un « artiste ! »

Enfin, il n'est pas jusqu'à l'irrégularité des places qui ne contribue à leur beauté. Nous n'admettons plus aujourd'hui que des places régulières, de même que nous n'admettons plus que des rues rectilignes : c'est que nos places, comme nos rues, sont faites d'un seul coup, et sur le papier d'abord. Les places anciennes ont été faites peu à peu, et obligées de respecter les voies de passage ou les constructions antérieures. De là leur irrégularité, qui n'est point une irrégularité voulue, factice : aussi non seulement n'a-t-elle rien de choquant, mais produit-elle un effet pittoresque. En Italie, où l'on a moins détruit et moins reconstruit que chez nous, les exemples de ce genre abondent, notamment à Vérone, à Padoue, à Sienne, etc. Je me bornerai à citer, de toutes les places de ce genre, la plus justement célèbre, la place de la Seigneurie à Florence (*fig.* 8). Mais la plus curieuse est sans

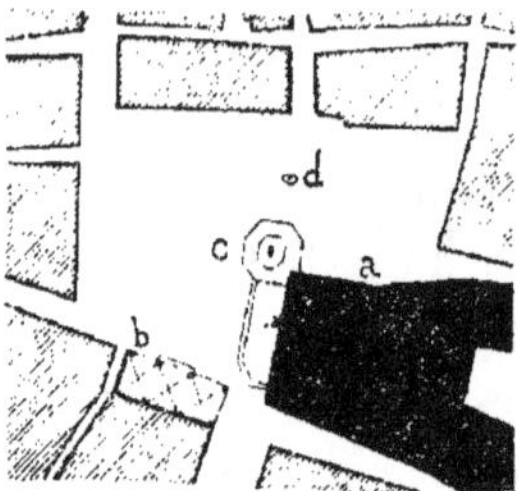


FIG. 8. — FLORENCE, *Place de la Seigneurie*.
*a*, Palais vieux ; *b*, Loggia dei Lanzi ; c, Fontaine ; *d*, Statue de Cosme I<sup>er</sup>.

doute, à Florence encore, la place Sainte-Marie-Nouvelle (*fig.* 9). Cette place a cinq côtés, et tous ceux qui l'ont vue sont persuadés qu'elle n'en a que quatre. C'est que, de quel-

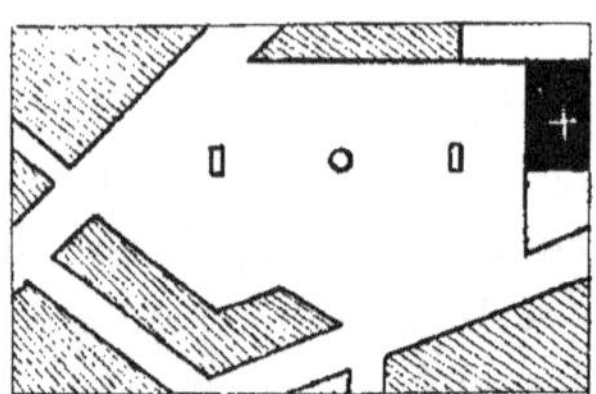

FIG. 9. — FLORENCE, *Place Sainte-Marie-Nouvelle*.

que point que ce soit, on ne peut en voir que trois à la fois, l'angle formé par les deux autres se trouvant toujours derrière l'observateur. Ajoutez que la différence d'ouverture de ces angles produit des effets de perspective variés, sans nulle monotonie.

Pourquoi donc bannissons-nous l'irrégularité de nos places et de nos rues, alors que nous l'admirons et dans ces places anciennes et aussi dans nos châteaux du moyen-âge, dont elle fait en grande partie le charme pittoresque ? C'est grâce à une notion toute moderne, la notion de *symétrie*. « La notion de symétrie se propage de nos jours « avec la rapidité d'une épidémie. Elle est familière aux « gens les moins cultivés et chacun se croit appelé à dire « son mot dans des questions d'art aussi difficiles que « celles qui touchent à la construction des villes, car il « croit avoir dans son petit doigt le seul criterium néces-« saire : la symétrie ».

Ce mot de symétrie est, comme le montre fort bien M. Sitte, un mot grec dont les modernes ont mal compris le vrai sens. En fait, on peut voir, sur le plan de l'Acropole d'Athènes par exemple (*fig.* 2), que les Grecs n'ont jamais connu ce que nous appelons la symétrie. Rien de plus dissymétrique, au sens moderne du mot, que l'Acropole, où ni les Propylées, ni le Parthénon, ni l'Erechthéion, ne sont dans le même axe, et où les Propylées ont leur ouverture à l'Ouest, tandis que le Parthénon l'a à l'Est.

Ce que désignait en grec ce mot de symétrie, c'est l'heureuse proportion des parties qui forment un tout. Ce sont les écrivains de la Renaissance, traducteurs des auteurs anciens, qui lui ont donné le sens que nous lui donnons exclusivement aujourd'hui, à savoir l'identité d'une image à droite et à gauche d'un axe. Et c'est à partir de la Renaissance que la symétrie, ainsi comprise, a commencé à s'imposer aux architectes, et pour la construction des monuments et pour celle des villes : « C'est avec son seul « secours que l'architecte moderne prétend accomplir tou- « tes les tâches qui lui incombent. Nos règlements de « construction, soi-disant esthétiques, sont là pour prouver « l'insuffisance de ce malheureux principe. Chacun pro- « clame qu'une loi réglant la construction des villes ne « doit point ignorer complètement les lois de la beauté : « mais dès qu'il s'agit de passer de la théorie à la pra- « tique, une perplexité sans bornes remplace l'enthou- « siasme du début. La souris dont accouche la montagne « en mal d'enfant n'est finalement que l'inévitable symé- « trie, dont chacun peut apprécier les beautés. Ainsi, la « loi bavaroise de 1864 a cherché à satisfaire les besoins « artistiques du pays en recommandant aux architectes « d'éviter, dans le dessin de leurs façades, tout ce qui « pourrait offenser la symétrie et la morale. Reste à savoir « lequel de ces deux délits était considéré comme le plus « grave. »

De la Renaissance datent donc les places, et les rues, symétriques. Plusieurs causes expliquent la faveur dont elles ont joui alors et dans les siècles suivants. D'abord la découverte, au quinzième siècle, des lois de la perspective, a amené à faire usage de cette science nouvelle non seulement dans les tableaux, mais sur le terrain, dans les constructions. De là viennent ces grandes places fermées de trois côtés et placées devant un monument : de là viennent aussi ces parterres dessinés géométriquement ; de là les points de vue savamment ménagés sur une beauté naturelle ou un édifice. Le système, né en Italie, où Michel-Ange en donna le premier exemple avec la place du Capitole à Rome, y prit, avec la place Saint-Pierre, un développement gigantesque.

En France, le succès du nouveau système fut dû à deux causes : d'abord, l'engouement pour la mode italienne. Mais il y eut autre chose. C'est sous Louis XIII qu'il apparut pour la première fois, à la Place Royale : et c'est sous Louis XIV et Louis XV qu'il atteignit son apogée, avec les constructions de Versailles, de Nancy, etc. C'est-à-dire qu'il a coïncidé et concordé avec l'établissement de la monarchie absolue : il a été en parfaite harmonie avec les idées d'unité, de régularité, de grandeur, qui étaient l'idéal de Louis XIV, et dont Versailles demeure le plus parfait modèle.

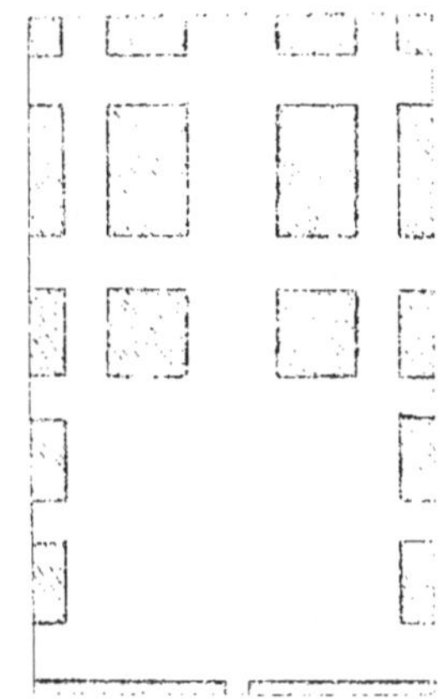

Fig. 10. — LYON. *Place Morand.*

Personne ne songe à nier l'effet de grandeur produit par Versailles : le pittoresque, la fantaisie en sont bannis, mais l'ensemble impose par sa masse et ses heureuses proportions. La différence avec les places anciennes saute d'ailleurs aux yeux : celles-ci se sont formées et développées peu à peu et lentement ; les autres ont été créées d'un seul jet, et sur le papier d'abord. De là leur vient ce quelque chose d'artificiel et de froid qui les caractérise : elles imposent, elles ne charment pas.

Mais leur plus grave défaut, c'est qu'elles ont amené l'application du système partout et pour tout. Ce système, c'est l'emploi exclusif de la ligne droite et du dessin géométrique, qui donne naissance à la construction sur plan rectangulaire, à l'exclusion de tout autre plan. C'est ce style qui va régner en maître jusqu'à nos jours. Il y a bien eu une tentative de réaction sous Louis XV, mais elle ne s'est guère étendue qu'au mobilier et aussi à la construction des *petites maisons* : la grande architecture ne s'est pas laissé entamer.

Ce système a été appliqué d'une façon rigoureuse à Mannheim : le plan de la ville est un damier parfait, et toutes les rues en sont tracées selon deux directions, perpendiculaires l'une à l'autre. On s'est beaucoup moqué, à juste titre, de cet absurde procédé.... mais on a continué à s'en servir un peu partout, avec plus de modération cependant. La place Morand à Lyon (*fig. 10*), chef-d'œuvre de monotonie et de laideur, est un bon exemple du genre.

On pourrait croire, et on a cru en effet, que les inconvénients de ce système étaient compensés par de grands avantages matériels, et que la circulation était ainsi rendue beaucoup plus facile. M. Sitte montre très bien qu'il n'en est rien, au contraire : pour une seule rue débouchant à angle droit dans une autre, sans même la traverser, il y a douze cas de croisement possibles pour les voitures, et trois points où leurs trajectoires se rencontrent (*fig. 11*). Si les deux rues se coupent, on arrive tout de suite à 54 cas de croisement, avec 12 points où les trajectoires se rencontrent. S'il y a seulement une rue de plus, le nombre des croisements monte au chiffre énorme de 160. De là vient la presque impossibilité de circuler à certaines heures ; ce à quoi on a cru remédier par l'invention de ces hétéroclites *refuges*, qui coupent, çà et là, les chaussées et la place. De sorte qu'en dernière analyse, le système n'offre qu'un seul avantage : la facilité pour le premier architecte, voire le premier maçon venu, de découper un terrain quelconque en tranches.

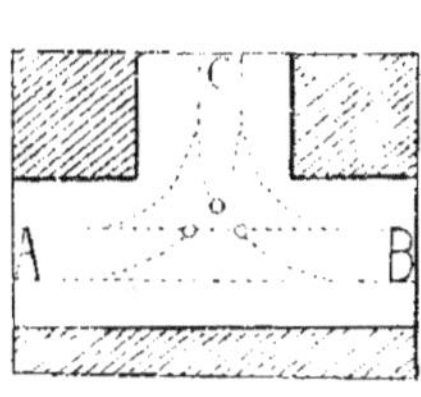


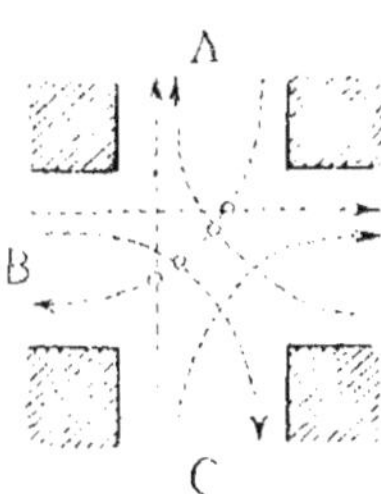


Fig. 11

Ce système rectangulaire a entrainé encore d'autres conséquences. Là où les nécessités du terrain obligent à briser le dessin du damier, ou à le courber, on obtient une place non plus rectangulaire, mais triangulaire, circulaire ou polygonale. L'exemple le plus saisissant du genre est la Place de l'Etoile, à Paris (*fig. 12*) : « On ne peut nulle part se rendre « mieux compte de l'absence de tout sentiment artistique et « de l'oubli de toute tradition qui caractérisent les plans « des villes modernes. Sur le papier, une telle place impose « sans doute par sa belle régularité ; mais quel en est l'effet « réel ? La possibilité de voir des perspectives infinies de « rues, que les anciens ont su éviter avec art, est élevée ici à

« son maximum. Le point central de la circulation est en « même temps le lieu d'intersection de tous les rayons « visuels. En faisant le tour de la place, on a toujours le « même spectacle devant les yeux ; aussi ne sait-on jamais « bien où l'on se trouve en réalité. Un étranger n'a qu'à se « tourner une fois sur une de ces places si déconcertantes, « en forme de carrousel, pour ne plus savoir comment « s'orienter. »

FIG. 12. — PARIS, *Place de l'Étoile.*

J'ai insisté, comme M. Sitte lui-même d'ailleurs, sur la question des places ; et en effet, si le dessin des rues est souvent imposé par les nécessités de la circulation, la place doit et peut encore être une chose de luxe, la beauté, la parure de la ville. C'est là seulement que de nos jours l'on peut encore songer à créer des ensembles pittoresques. Aussi, passerai-je beaucoup plus rapidement sur ce qui concerne les rues.

Aujourd'hui, une règle absolue s'est imposée pour le tracé des rues : la rue est une ligne droite, qui coupe tout sur son passage. Elle a été appliquée, il y a quelques années, à Marseille, avec une rigueur vraiment admirable en son genre, puisqu'on n'a pas hésité, pour faire la rue Colbert bien droite, à démolir l'église Saint-Martin, alors qu'on aurait pu facilement faire un léger détour. Il est souvent nécessaire, assurément, dans les grandes villes, que les rues soient droites ; et des rues droites peuvent produire un effet imposant : personne ne conteste l'effet de la rue de Rivoli, ni celui de la Cannebière prolongée par les Allées de Meilhan. Mais, par contre, que d'inconvénients n'offrent-elles pas ? Froides en hiver, chaudes en été, elles sont en toute saison balayées par le vent et la poussière : voyez plutôt la rue de la République.

Mais ce qui est absurde, c'est de faire de cette conception une règle absolue, et de ne pas vouloir faire autrement, même quand le terrain et les circonstances locales invitent à faire autrement.

Or la ligne ondulée offre souvent, sur la ligne droite de grands avantages, et de commodité, et de pittoresque. Je me bornerai à un seul exemple, celui de la rue des Pierres, à Bruges (*fig. 13*). Remarquons tout d'abord que Bruges, au temps où remonte cette rue, c'est-à-dire au xiv^me^ siècle, n'était pas la ville à demi-morte d'aujourd'hui, mais une des plus grandes villes de l'Europe, peuplée de près de deux cent mille habitants, très commerçante, et par conséquent livrée à une circulation intense. Aussi, la rue des Pierres, qui va de la Grand'Place à la cathédrale, a-t-elle une largeur moyenne de 15 mètres, largeur considérable pour le temps. Elle décrit une ligne ondulée qui fournit au passant un tableau varié : le côté droit en est d'abord légèrement concave, puis, après la place Stevin, elle s'incline vers la droite, et le côté gauche se développe au contraire en décrivant une ligne concave. Bien entendu, la place Stevin est longée par la rue, et non pas traversée par elle. A chaque extrémité, la vue est arrêtée par la tour de la cathédrale d'un côté, de l'autre par le beffroi des Halles, qui surgissent au dessus des toits des maisons et apparaissent soudain, grâce à la double courbure de la rue : « *Aujourd'hui, l'on préfère voir pendant des centaines de mètres le même clocher qui se dresse comme un beau dessin au géométral à l'extrémité d'une rue que l'on désespère d'atteindre.* »

Fig. 13. — BRUGES, *Rue des Pierres.*

*a*, Halles ; *b*, Cathédrale Saint-Sauveur ; I, Grand'Place ; II, Rue des Pierres ; III, Place Stevin ; IV, Rue du Sablon.

Ajoutez à ce tracé si particulier le petit nombre de voies latérales débouchant dans la rue, et l'absence de tout croisement de rues, et vous aurez l'explication complète de l'aspect pittoresque de cette vieille rue de Bruges. Assurément, il y a là réunies des conditions qui ne peuvent plus guère l'être aujourd'hui : « *Mais ne trouverait-on pas un juste milieu entre cet idéal moyen-âgeux et les artères trop découpées de nos villes modernes ?* »

Toute cette partie du livre de M. Sitte est excellente et ne comporte aucune critique ; il est impossible de mieux dégager et de mieux faire comprendre les causes profondes de ces beautés des villes anciennes que nous admirons d'instinct, sans toujours pouvoir nous rendre compte des éléments qui les constituent.

Mais il ne s'agit pas de faire œuvre de pur dilettante : une fois les différences de la vie moderne et de la vie ancienne comprises et acceptées, il s'agit de savoir si nous pouvons encore créer le beau dans ce genre, ou bien si nous devons nous résigner à n'habiter que des villes de plus en plus enlaidies et toutes semblables les unes aux autres.

A cette question, M. Sitte répond par tout un plan de réformes à introduire dans l'ordonnance des villes modernes. Il commence par poser, pour ce qui concerne la création de quartiers nouveaux dans une ville, quelques principes très simples : que l'on sache à quoi ce quartier sera destiné, et que l'on ait une idée générale et un plan de l'ensemble. Ensuite, étant données les nécessités de la vente et de la mise en valeur des terrains, on abandonnera au système ordinaire, c'est-à-dire au système rectangulaire, les emplacements secondaires, et l'on réservera aux soins d'un artiste le tracé des rues et des places principales. Enfin, on s'efforcera de grouper sur une place les édifices importants et les monuments, comme fontaines, statues, etc.

Mais l'essentiel, et M. Sitte insiste très justement là-dessus, c'est que le tracé d'un quartier nouveau, ainsi compris, ne peut pas et ne doit pas être une besogne purement administrative : « Pourquoi ne pas faire exécuter « aussi des plans de cathédrales, ne pas faire peindre des « tableaux historiques ou composer des symphonies par « voie administrative ? ce serait tout aussi judicieux. Parce « que précisément une œuvre d'art ne pourrait être créée « par des comités ou des bureaux, mais seulement par un « individu. Un plan de ville, qui devrait produire un effet « artistique, est aussi une œuvre d'art et non un simple « acte de voirie. »

On ne saurait mieux dire : dans la construction d'une rue nouvelle ou d'un quartier nouveau, il y a deux choses bien distinctes. Il y a d'une part des intérêts matériels, comme la vente et la répartition du terrain, l'orientation générale et les dimensions des rues, qui regardent la municipalité, le service de la voirie, les ingénieurs. Mais il y a aussi (je parle pour une ville digne de ce nom, qui ne veut pas se contenter d'un assemblage de cubes en maçonnerie), un intérêt artistique, et celui-là ne peut être confié qu'à un artiste. Peu importe d'ailleurs qu'on le choisisse au concours ou autrement ; ce qu'il faut, c'est qu'il ait, pour ce qui le concerne, pleine initiative et pleins pouvoirs. Sur ce terrain, les techniciens doivent céder le pas à l'artiste, l'aider au besoin à accomplir son œuvre, et non le contrecarrer par un amour-propre déplacé. Est-il besoin d'ajouter qu'il faut que cet artiste connaisse son métier de *constructeur de villes*, ce qui est autre chose que le métier de constructeur de maisons ? Et à ce propos, il est question de créer dans plusieurs villes de provinces, et dit-on, à Marseille, des Ecoles régionales d'architecture : souhaitons que dans ces écoles l'on enseigne au moins les éléments de cet art si difficile et si négligé.

## II

Il y a dans le livre de M. Sitte une lacune grave : l'auteur trace son rôle à un architecte qui a les mains libres, celui qui est chargé d'élever un quartier nouveau sur des terrains non bâtis. Le cas se produit souvent en effet, notamment pour les villes qui s'agrandissent par la périphérie, par suite, par exemple, de la démolition de leurs remparts. Mais ce n'est pas cependant le cas le plus fréquent, ni le plus difficile, ni, par conséquent, le plus intéressant. Le cas le plus intéressant, surtout pour nous Marseillais, c'est la démolition de vieux quartiers et l'édification, sur le même emplacement, de quartiers nouveaux. M. Sitte n'en parle pas ; est-ce oubli, ou excès de prudence ? je l'ignore, mais je le regrette, car il aurait pu nous dire sur ce sujet des choses instructives : nous indiquer, par exemple, comment on s'y est pris en Allemagne pour moderniser les vieilles villes, selon les besoins du commerce et de l'industrie, tout en respectant leur caractère architectural et historique, comme à Nuremberg et à Dantzig.

A défaut des indications si précieuses qu'aurait pu nous donner M. Sitte, je vais essayer de vous indiquer quelques principes qui, d'ailleurs, me paraissent découler naturellement de l'ensemble de son ouvrage. Et je ne prendrai que des exemples concrets, en recherchant ce que l'on a fait en ce sens en ces dernières années à Marseille, et aussi ce que l'on aurait pu faire, et, surtout, ne pas faire!

Il y a, en pareil cas, un premier parti à prendre, bien simple celui-là : c'est de tout raser, pour rebâtir ensuite, sans tenir compte ni des habitudes des habitants, ni de la valeur artistique ou historique des édifices, ni des souvenirs du passé local. C'est ce que M. André Hallays appelle très justement *une esthétique de sauvages*.

C'est pourtant ce qu'on avait proposé de faire pour Marseille en 1858. Le fameux financier Mirès offrait de démolir toute la vieille ville et de niveler tout le terrain compris entre le quai du Port et le boulevard des Dames ; autrement dit, de raser les trois buttes Saint-Laurent, des Moulins et des Carmes, sur lesquelles s'élève toute la vieille ville! La municipalité d'alors (le Maire était M. Honnorat) recula épouvantée ; il y avait de quoi! Outre la dépense qui eût été énorme, on expulsait de leur domicile près de soixante mille personnes ; et on ouvrait le Vieux-Port au mistral, de façon à le rendre intenable. On prit un moyen terme, et c'est alors que l'on décida la percée de la rue Impériale, aujourd'hui rue de la République, pour rattacher le Vieux-Port aux nouveaux bassins de la Joliette. Pour le reste, on ne pris pas de décision, laissant à l'avenir le soin de résoudre le problème.

Ce problème, il se reposera à nous un jour ou l'autre, et il y aura à résoudre là de très grosses difficultés, bien plus grosses que pour les quartiers situés derrière la Bourse, qu'on parle aussi de rebâtir.

Vous voyez en quoi consiste cette difficulté : les quartiers dont il s'agit sont établis sur une succession de coteaux à ligne de faîte variable, allant de 36 à 40 mètres, et les maisons sont bâties suivant les accidents du terrain, ce qui fait que beaucoup de rues ne communiquent entre elles que par des rampes très raides ou même des escaliers. Pour la rue de la République, on a pris un moyen terme : on en a fait une rue à deux pentes partant de la place Centrale, dont la hauteur est de 12m10. Cette hauteur de la place était nécessaire pour les travaux dont l'on remettait à plus tard l'exécution : si l'on avait fait la rue à plein jalon, la place n'eût été qu'à 6m45, et aurait paru être au fond d'une vallée, remplaçant l'ancienne colline.

Telle qu'elle est, l'œuvre est-elle parfaite? il est permis de trouver que non.

Je sais bien qu'en pareille matière on s'expose à se voir immédiatement rappeler le proverbe fameux : la critique est aisée, l'art est difficile; et ce n'est pas sans appréhension que je me permets, n'étant pas du métier, de formuler ici quelques critiques. D'autant que, s'il est toujours facile de critiquer une œuvre achevée, il est très difficile, même pour un architecte ou un ingénieur, de se rendre compte d'avance de l'effet que produira sur le terrain un plan tracé sur le papier. Mais enfin, puisqu'on admet bien les droits de la critique, même pour les profanes, lorsqu'il s'agit de tableaux, de statues et, surtout, de livres, on peut bien l'admettre ici aussi. Et d'ailleurs, il ne s'agit point de revenir sur le passé et sur des faits acquis, mais simplement de prendre des leçons pour l'avenir.

Je ne reproche pas à la rue de la République sa double pente : il semble bien qu'on ne pût l'éviter. Et peut-être même cela vaut-il mieux, même comme coup d'œil : elle coupe un peu la monotonie de cette immense ligne droite de 1.113 mètres de long. Grâce à elle, on ne voit guère d'enfilade qu'une moitié de la rue : c'est toujours autant de gagné !

Mais que dire de la place Centrale ! Dans le plan primitif, elle avait 100 mètres de diamètre : on l'a exécutée à 65 mètres seulement, pour des raisons d'économie. C'est-à-dire qu'on s'est arrêté à un moyen terme qui l'a complètement gâtée. Je ne dis point que cette vaste place de 100 mètres de diamètre eût été pittoresque ni même belle ; mais enfin elle aurait été à l'échelle de la rue, tandis que, telle qu'elle est, elle est beaucoup trop petite, non seulement pour la longueur, mais même pour la largeur de la rue qu'elle traverse. La rue ayant 25 mètres de largeur, la place ne déborde de chaque côté que de 20 mètres, moins que la largeur de la rue même. Et surtout, cette prétendue place Centrale manque par trop de décoration monumentale : c'est un carrefour, ce n'est pas une place. Enfin, pour couronner le tout, le spectateur voit les maisons de la butte des Moulins et de la butte des Carmes à 20 mètres au-dessus de sa tête ! Là, assurément, était la plus grosse difficulté. Que fallait-il faire ? je n'en sais rien ; mais je ne puis pas croire qu'il n'y ait pas eu un moyen d'éviter, ou du moins de dissimuler cette vue fâcheuse.

Le cours Lieutaud nous offre un exemple analogue. Rend-il vraiment de grands services à la circulation? je crois qu'il est permis d'en douter. Mais ce dont on ne peut douter, c'est de l'horreur, de la hideur, des deux ponts qui le traversent. Ici encore, il ne m'appartient pas de dire ce qu'on aurait pu faire pour les éviter ; en tout cas, il est certain qu'on aurait pu chercher à atténuer la laideur de la conception par l'élégance de la construction et de la décoration : on s'en est soigneusement gardé ! D'où vient donc ce manque absolu de souci pour l'esthétique, sacrifiée si complètement à l'utilité publique ? Il faut bien le dire : la faute en est, bien plus qu'aux hommes, au système même, si vivement combattu par M. Sitte.

Le plan de la rue de la République a été tracé par un homme des plus distingués. Gassend, alors directeur du Service de la Voirie : c'était un technicien de valeur, mais trop exclusivement ingénieur, pas assez architecte, pas assez artiste. Remarquez que je suis loin de vouloir dire que les deux choses ne puissent pas se concilier : nous avons, pas bien loin de Marseille, un exemple mémorable de ce que peut la science de l'ingénieur unie au goût de l'artiste : c'est le viaduc de Roquefavour, œuvre d'un ingénieur. Et l'on a toute raison d'imposer aujourd'hui aux élèves architectes des Ecoles régionales des études scientifiques approfondies, études réservées jusqu'à présent aux seuls ingénieurs : de sorte que ce qui était l'exception deviendra peu à peu la règle. Mais il n'en est pas moins évident que, pour la rue de la République comme pour le cours Lieutaud, le côté pratique, administratif, le côté ingénieur, si l'on peut dire, a trop primé le côté esthétique, le côté artiste. Et s'il fallait encore une preuve que les deux choses peuvent se concilier, je vous citerais le Palais de Longchamp, admirable couronnement artistique d'une œuvre, le canal de la Durance, purement technique.

La rue Colbert, projetée en même temps que la rue de la République, mais d'exécution plus récente, prête à une autre observation. Le percement en a entraîné la démolition de l'église Saint-Martin, que l'on ne saurait trop regretter. Déjà, pour le percement de la rue de la République, on avait démoli la maison de Forbin, qui datait du commencement du XVI^me^ siècle. Dans les deux cas, la raison alléguée a été la même, à savoir le préjugé de la ligne droite. Or, pour Saint-Martin tout au moins, on aurait facilement pu dévier la première partie de la rue (j'entends en partant du cours Belsunce) en la reportant plus au nord de quelques mètres ; on aurait eu ainsi une rue formant un angle très peu accentué, et l'église aurait pu, entourée d'un petit square, former un motif des plus heureux (1). On ne l'a pas voulu, et personne n'a oublié le rôle qu'ont joué dans cette question les passions politiques et religieuses, qui n'avaient rien à y voir. Quoi qu'il en soit, on a détruit, sans nécessité aucune, un des rarissimes monuments du passé de Marseille.

J'irai plus loin, et je prétends qu'on l'a fait au détriment même de la beauté de la nouvelle rue. Il faudrait pourtant en finir une bonne fois pour toutes avec cette admiration béate (et naïve) pour les rues absolument droites : c'est une beauté si l'on veut, mais enfin une beauté d'un genre facile, accessible aux âmes simples, celles qui se plaisent aux images d'Epinal ou de la rue Saint-Sulpice et aux mélodies des orgues de Barbari.

En fait, la ligne droite n'a et ne peut avoir aucune valeur artistique. La ligne droite est une pure conception de l'esprit, elle n'existe pas : nulle part la nature ne nous offre de lignes droites. C'est ce qu'avaient fort bien vu et compris les Grecs, excellents architectes, et qui ont été aussi des ingénieurs beaucoup plus habiles qu'on ne le croit généralement. Il y a longtemps déjà que l'on a constaté que dans leurs monuments il n'y a point de

(1) Voir, dans la *Provence artistique et pittoresque* du 25 novembre 1883, le plan dressé par M. Marin de Carranrais.

lignes droites, mais rien que des lignes courbes, qui s'harmonisent, grâce à une science et à un art infinis, aux belles lignes de la perspective naturelle. Et je crains bien que, sous prétexte que la ligne droite est le plus court chemin d'un point à un autre, elle ne serve surtout à dissimuler la paresse ou l'impuissance de l'architecte. Tout le monde peut tracer une rue allant droit devant elle par monts et par vaux; autre chose est de concevoir un plan respectant les conditions naturelles, et, s'il y a lieu, les conditions historiques du terrain. Or voici l'intérêt qu'il y a à le faire: une rue aux lignes infléchies ou courbes *peut* offrir des perspectives variées; une rue toute droite *ne le peut pas:* elle ne peut avoir qu'un seul et unique aspect, toujours le même.

La question vaut la peine qu'on y réfléchisse: elle se reposera un jour ou l'autre, et pour les quartiers de derrière la Bourse, et, plus grave, pour ceux de derrière la Mairie. Je n'aurai pas l'impertinence de donner là-dessus des conseils, encore moins de tracer des plans. Mais j'estime que l'on peut d'ores et déjà émettre quelques indications sur ce qu'il y aura à faire, et aussi, et surtout, sur ce qu'il y aura à ne pas faire.

Avant tout, il faudrait nous débarrasser de notre respect vraiment superstitieux pour les voies toutes droites. Je ne demande pas que l'on s'amuse à faire exprès des rues tortueuses, non: je demande simplement qu'on se résigne à les infléchir là où le terrain le demande, là aussi où il y aura un monument intéressant ou un aspect pittoresque à conserver.

Méfions-nous aussi des voies trop larges: c'est encore une fausse conception, empruntée, cela va sans dire, à

Paris et à l'haussmanisation. Comme si ce qui peut être utile à Paris l'était forcément partout! Rien de ridicule comme les immenses boulevards, toujours déserts, dont beaucoup de petites villes se sont ainsi affublées. Ne nous inspirons donc que des nécessités locales, des goûts locaux : sachons n'imiter personne, et être nous-mêmes.

J'ai parfois maugréé, comme tout le monde, les jours de presse, contre l'étroitesse de notre rue Saint-Ferréol. Mais combien n'est-elle pas plus jolie, plus intime, plus *promenade*, que ces vastes et mornes rues! Voyez-vous la rue Saint-Ferréol élargie à 25 mètres?

Evidemment, pour Marseille, l'idéal serait la création de boulevards extérieurs formant à la ville une ceinture complète, aussi large qu'on le voudrait, de façon à débarrasser l'intérieur du charroi si encombrant, et à laisser à nos rues leur cachet d'élégance et de sobriété. Malheureusement, ici, intervient encore une considération nouvelle, à savoir les moyens de transport rapides, dont nous ne savons plus nous passer. Londres, Berlin, Paris ont résolu le problème par l'installation du chemin de fer dit métropolitain : pour Marseille, ce jour-là est encore lointain, si jamais il doit luire. Il faut donc nous résigner aux tramways électriques; et nous pouvons toujours espérer qu'un jour ou l'autre les progrès de la science feront disparaître le hideux trolley. Au moins-avons nous des voitures élégantes et de dimensions modérées, et rien de semblable aux monstrueuses machines qui sillonnent certains boulevards de Paris en jetant l'épouvante sur leur passage.

La plus grosse difficulté à laquelle on se heurtera pour la réfection des vieux quartiers, je l'ai déjà dit, c'est la hauteur des terrains. Personne ne songera plus, j'aime à le croire, à reprendre le projet Mirès. Il faudra cependant faire quelque chose : l'hygiène moderne ne peut plus admettre ces ruelles par trop privées d'air et de jour. Certes, les amateurs du pittoresque les regretteront, mais ils s'inclineront de bonne grâce devant une nécessité devenue inéluctable.

Seulement, il faut se convaincre que là est, de par la nature, la partie la plus pittoresque de notre ville, et que ces hauteurs, si elles doivent être modifiées, ne doivent pas disparaitre. Outre qu'elles assurent au Vieux-Port une protection indispensable contre le vent, il y a là des souvenirs qui doivent être chers à tout bon Marseillais. Cette ville, qui domine et complète le Vieux-Port, a été pendant des siècles la ville de Marseille tout entière. Là git toute notre antiquité, antiquité si respectable parce qu'elle est unique en France.

Et puis, si ces hauteurs sillonnées de ravines sont mal commodes pour les architectes, croit-on qu'elles manquent de beauté ? Ne me parlez pas des villes plates, comme Lille ou Berlin : il s'en dégage une monotonie, un ennui mortels.

Voyez-vous Rome sans ses collines, Paris sans la Montagne Sainte-Geneviève et sans Montmartre, Lyon sans Fourvières ? Gardons précieusement nos hauteurs, qui font de notre ville une ville à aspects variés et à perspectives multiples. Ce sera l'affaire et le mérite des architectes de ce temps là de trouver les combinaisons, les formes qui conviendront à la configuration du terrain. Mais qu'on se dise bien qu'il ne s'agira pas là d'une simple opération de voirie, mais d'une œuvre d'art, et du plus grand. Les connaissances et le talent nécessaires pour construire une église ou un palais sont peu de chose à côté de la science et du goût artistique qu'il faudra déployer pour que le Marseille nouveau rachète en commodité et en beauté le pittoresque si amusant du vieux Marseille actuel. C'est là une œuvre qui aurait séduit, sans parler de Puget, les grands architectes français du dix-huitième siècle, les Gabriel et les Louis : pourquoi n'auraient-ils pas d'émules ? et où auraient-ils plus de chances d'en avoir que dans ce midi de la France qui a vu naître Espérandieu ?

Dans tous les cas, il faudra, et l'opinion publique devra l'exiger (nous ferons pour notre part tout ce qu'il faudra pour cela), que la rénovation des vieux quartiers ne soit pas envisagée comme étant une simple opération de voirie, mais comme une œuvre d'embellissement. C'est sur ces hauteurs, d'un côté et de l'autre, que l'on a le plus beau panorama de Marseille. Elles peuvent devenir des quartiers admirables, à la fois salubres et pittoresques.

Seulement, une fois de plus, il faudra envisager la question d'une façon large, et être bien décidés à faire respecter et la configuration générale du terrain et les trop rares monuments du passé, comme la Maison Diamantée, et aussi à ne pas faire seulement œuvre utile, mais à faire beau.

Nous parlons volontiers de la valeur sociale des beaux-arts, et de leur action éducatrice. Nous parlons aussi de les mettre à la portée de tous : nous demandons la création d'un art populaire, qui s'adresse à tous et soit compris de tous. Nous rappelons volontiers l'exemple de ces grandes démocraties d'Athènes et de Florence, où tous les citoyens s'intéressaient à la beauté de leur cité et en étaient fiers. Mais quand il s'agit d'appliquer ce beau programme, nous nous trouvons quelque peu embarrassés. Nous nous glorifions, nous autres Français, de la gratuité de nos Ecoles des Beaux-Arts et de nos Musées. C'est quelque chose assurément ; mais tout le monde ne peut pas être artiste pratiquant, et fréquenter les écoles spéciales. Quant aux Musées, ce qu'on y voit, ce sont des choses mortes, enlevées de leur milieu. Le véritable art populaire, c'est l'art de la rue, au sens exact du mot. Si nous voulons que le sens artistique, que l'intuition du beau, se répandent dans les masses, mettons la beauté sous leurs yeux d'une façon continue : ne nous contentons pas de leur donner de l'air, de la lumière et des commodités : c'est beaucoup, mais ce n'est pas tout. Faisons en sorte que les rues, les places, les monuments publics, ne soient pas seulement des cubes de pierre bien alignés, mais que partout on y sente le souci de la beauté et de l'élégance. En agissant ainsi, nous ne ferons pas œuvre de purs dilettantes : sans même parler de l'attrait de plus en plus grand qu'aura notre ville pour les étrangers, nous développerons parmi ses habitants mêmes le sentiment du chez soi ; nous renforcerons cet amour du foyer que notre cosmopolitisme moderne tend de plus en plus à détruire, et nous ferons œuvre de bons citoyens, en contribuant à développer le patriotisme local, base nécessaire et solide du patriotisme national.

Marseille. — Typ. et lith. Barlatier, rue Venture, 19.

www.ingramcontent.com/pod-product-compliance
Lightning Source LLC
LaVergne TN
LVHW012014160826
845678LV00002B/835

*9782329669045*